Khaleel Basha

Impactos das alterações climáticas no coberto vegetal da floresta de Yerramalais

Khaleel Basha

Impactos das alterações climáticas no coberto vegetal da floresta de Yerramalais

dos Ghats Orientais de Andhra Pradesh, Índia, e opções de adaptação

ScienciaScripts

Imprint

Cover image: www.ingimage.com

This book is a translation from the original published under ISBN 978-620-2-05944-2.

Publisher:
Sciencia Scripts
is a trademark of
Dodo Books Indian Ocean Ltd. and OmniScriptum S.R.L publishing group

120 High Road, East Finchley, London, N2 9ED, United Kingdom
Str. Armeneasca 28/1, office 1, Chisinau MD-2012, Republic of Moldova, Europe
Printed at: see last page
ISBN: 978-620-7-89686-8

Prefácio

Ultimamente, a atenção mundial está centrada no impacto das alterações climáticas sobre o coberto florestal. Este estudo tornou-se mais significativo nos dias de hoje devido à contínua alteração do clima devido à atividade indiscriminada dos seres humanos.

Este livro aborda, de forma sucinta, vários aspectos das alterações climáticas. É uma tentativa de sensibilizar para a forma de reduzir o impacto do clima na biodiversidade, no coberto florestal e nas culturas agrícolas.

O conteúdo deste livro sobre o Impacto das alterações climáticas no coberto florestal foi cuidadosamente preparado tendo em conta a forma como o clima está a afetar a vegetação florestal. Durante a preparação deste livro, o autor recebeu apoio moral dos membros da sua família.

Os autores agradecem à Senhora Azra Javeed saheba, Secretária e Correspondente do Osmania College, pelo seu encorajamento e por nos ter permitido levar a cabo esta tarefa. Acima de tudo, estou grato ao "Todo-Poderoso".

Autores

Conteúdo

Capítulo 1	**3**
Capítulo 2	**11**
Capítulo 3	**16**
Capítulo 4	**18**
Capítulo 5	**23**
Capítulo 6	**30**
Capítulo 7	**35**

Capítulo 1

Alterações climáticas

stAs alterações climáticas são um dos desafios que definem o século XXI e são cada vez mais reconhecidas como uma prioridade de saúde pública. A mudança climática é "uma alteração do clima atribuída direta ou indiretamente à atividade humana que altera a composição da atmosfera global e que se acrescenta à variabilidade climática natural observada durante períodos de tempo comparáveis".

As alterações climáticas podem ser definidas como qualquer mudança nas temperaturas globais e na precipitação durante um período de tempo devido à variabilidade natural ou como resultado da atividade humana.

As alterações climáticas podem provocar fenómenos como a desertificação, tempestades mais intensas, o degelo das calotes polares e a subida do nível do mar, alterando a face física da Terra e o padrão da nossa vida quotidiana. Embora as possíveis consequências das alterações climáticas sejam alarmantes, existem muitas formas de cada indivíduo participar na prevenção destas consequências, evitando que atinjam o seu potencial mais perigoso.

O clima de um lugar é afetado pela sua localização e distância do mar. Devido às condições climáticas variadas, a Índia possui uma grande variedade de vegetação natural, como a tropical, a de montanha, a espinhosa e a dos mangais. Devido às condições climáticas variadas, a Índia possui uma grande variedade de vegetação natural.

A Índia não só é dotada de diversidade cultural, diversidade geográfica, diversidade social e diversidade climática (Fig.1), como também é adornada com uma biodiversidade que inclui, em termos gerais, a biodiversidade vegetal. As florestas desempenham um papel fundamental na manutenção de uma vasta gama de relações delicadas com a natureza e os seus ecossistemas. A floresta de Yerramalais alberga muitas espécies endémicas, ameaçadas e em vias de extinção, bem como as populações indígenas, que dependem dos seus recursos biológicos. A maior parte das florestas do mundo, especialmente as florestas temperadas e boreais, já estão a ser utilizadas pelas sociedades humanas (Lindenmayer e Franklin, 2002; Kanowski et al., 2005). O efeito das actividades antropogénicas não só ameaça a biodiversidade, como também afecta a condição socioeconómica das populações indígenas da floresta. Várias actividades, como a perda de habitat, a desflorestação, o abate de árvores e a sobre-exploração, amplificam o impacto das alterações climáticas na biodiversidade. Nos últimos anos, a atenção centrou-se no possível impacto das alterações atmosféricas e climáticas nas plantas e na vegetação. Ainda existem muitas incertezas quanto aos possíveis efeitos dessas alterações nos ecossistemas e nos solos da floresta de Yerramalais, que podem ter graves consequências biológicas e económicas. As alterações climáticas são um dos problemas ambientais mais importantes que ameaçam todo o planeta. Não afectam apenas o ambiente, mas têm também aspectos económicos, sociais e políticos.

Por conseguinte, devem ser tomadas algumas iniciativas de gestão para atenuar as alterações climáticas. Além disso, é necessário realizar mais trabalhos de investigação na floresta de Yerramalais para monitorizar a suscetibilidade da biodiversidade. Estudámos a localização na floresta e sugerimos a adoção de um sistema prescrito de sistemas de utilização da floresta como política de gestão. Esta política tem duas vantagens: por um lado, contribui para a subsistência sustentável da população tribal que depende dos recursos florestais locais e, por outro lado, contribui para a conservação da diversidade das espécies vegetais.

A exploração mineira excessiva, a perda de áreas florestais devido à atividade humana, a perda de terras agrícolas, o aumento da desflorestação para fins comerciais e de combustível, a invasão de terras florestais para fins agrícolas, de construção, industriais e mineiros são algumas das actividades humanas que conduziram à escassez e à má utilização dos recursos. As alterações climáticas colocam novos e importantes desafios à conservação da biodiversidade. Atualmente, a maior parte dos prados e florestas foram convertidos em terrenos agrícolas ou centros urbanos. Tornaram-se o centro da atividade humana, do domínio do homem sobre o ambiente. Muitas espécies de plantas e animais estão ameaçadas devido à perda de habitat, à exploração excessiva, à agricultura intensiva, à introdução de espécies exóticas, à modificação genética, à urbanização, à poluição causada pela industrialização e pela indústria do turismo. As calamidades naturais como inundações, secas, fome, deslizamentos de terras, terramotos, tsunamis, ciclones, avalanches, etc. também contribuem para que os factores antropogénicos causem danos irreversíveis ao ecossistema. A biodiversidade é a multiplicidade de formas de vida existentes em cada ecossistema. Estes ecossistemas estão agora em risco devido às actividades de desenvolvimento humanas. A comunidade científica está cada vez mais preocupada com as alterações climáticas e os cientistas provaram a sua ocorrência através de amplas provas e modelos testados (Pounds et al., 1999; Wood-ward, 2002; Klanderud e Birks, 2003; Chaudhari e Kamal, 2009; Crimmins et al., 2011). A biodiversidade é essencial para a sobrevivência humana e o bem-estar económico, uma vez que regula a função e a estabilidade dos ecossistemas (Singh, 2002; Sagar et al., 2003).

Devido às actividades antropogénicas, a perda de habitat e as alterações climáticas são atualmente reconhecidas como uma das maiores ameaças à biodiversidade futura. O clima é um dos factores mais importantes que controlam o crescimento, a abundância, a sobrevivência e a distribuição das espécies, bem como a regulação dos ecossistemas naturais de diversas formas (Faisal, 2008). O efeito das alterações climáticas no sistema natural pode ser diverso, como a alteração do calendário dos fenómenos fonológicos das plantas, a alteração da abundância e da área de distribuição das espécies, a alteração do habitat, etc. Atualmente, as alterações climáticas estão a ocorrer a um ritmo cada vez mais rápido. De acordo com a teoria da extinção prevalecente, é provável que as espécies maiores e mais especializadas se percam devido à destruição do habitat (Sodhi et al., 2004). Com a continuação das alterações climáticas, as espécies arbóreas serão afectadas de diferentes formas e as áreas de distribuição ajustar-se-ão a diferentes ritmos e por diferentes processos (Subedi, 2009). Levin e Levin (2002) previram que, em todo o mundo, uma espécie se extingue a cada 20 minutos. Embora a extinção de várias espécies seja um fenómeno natural, a taxa de extinção que se verifica no mundo atual é excecional, 100 a 1000 vezes superior à normal. A exploração dos recursos naturais tem-se degradado a uma velocidade muito rápida, causando sérias ameaças ao ambiente. Após dois séculos de progresso tecnológico, continuamos a não conseguir gerir bem os nossos recursos naturais. A maioria das plantas e dos solos florestais tem um albedo muito baixo (cerca de 0,03 a 0,20) e absorve uma grande quantidade de energia. No entanto, as plantas não contribuem para o aquecimento global, porque o calor em excesso é compensado pelo arrefecimento por evaporação resultante da transpiração. Uma vez que o clima é basicamente uma média do tempo durante um longo período de tempo, a vegetação é importante para o clima. De facto, o processo de fotossíntese é responsável pela acumulação de oxigénio atmosférico até ao nível que temos hoje (21% de concentração). As plantas também ajudam a manter o nosso clima estável ao longo do tempo, compensando as flutuações de temperatura e humidade através da transpiração. As plantas também utilizam dióxido de carbono durante a fotossíntese, o que compensa ligeiramente a quantidade de gases com efeito de estufa libertados na atmosfera através da queima de combustíveis fósseis. A vegetação é necessária para que o tempo e o clima sejam normais. A vegetação é o principal produtor dos ecossistemas terrestres e desempenha também um papel significativo na transferência de energia entre a terra e a atmosfera e na regulação do clima (Wanget al., 2012).

Com a vegetação a cobrir cerca de 20% do nosso planeta, não é de surpreender que as plantas afectem o clima. No entanto, é surpreendente o quanto as plantas afectam o tempo. As plantas processam e libertam vapor de água (necessário para a formação de nuvens) e absorvem e emitem a energia utilizada para impulsionar o clima. As plantas também produzem o seu próprio microclima, controlando a humidade e a temperatura imediatamente à volta das suas folhas através da transpiração.

O clima é provavelmente o fator determinante mais importante dos padrões de vegetação a nível mundial e tem uma influência significativa na distribuição, estrutura e ecologia das florestas (Kirschbaum et al., 1995). Vários artigos de investigação mostraram que as alterações climáticas provocam alterações nos ecossistemas e na biodiversidade. O impacto das alterações climáticas tem como resultado a alteração da composição das espécies, da produtividade e da biodiversidade. Estas alterações acabam por afetar os meios de subsistência das populações tribais que dependem dos recursos florestais para a sua subsistência (Gitay et al., 2002). A Índia é um país megabiodiversitário onde as florestas representam cerca de 20% (64 milhões de hectares) da área geográfica. (12 State of Forest Report 2001, Forest Survey of India, Ministério do Ambiente e das Florestas, Dehra Dun). É um facto que as florestas naturais estão a diminuir progressivamente devido à sobre-exploração, o que torna obrigatória uma investigação científica. A extração excessiva de minérios, o pastoreio e os incêndios florestais prejudicaram o nosso ambiente. Degradaram o nosso meio envolvente ao ponto de levar à extinção muitas espécies da flora e da fauna e de ameaçar a sobrevivência de milhares de outras. A desflorestação, principalmente a conversão de florestas em terras agrícolas, continua a um ritmo alarmantemente elevado. Atualmente, estima-se que estamos a perder 200 km de florestas por dia. As taxas de desflorestação e de degradação florestal são, por conseguinte, cruciais para compreender melhor e abordar as tendências recentes do estado da diversidade biológica florestal. Não existe atualmente informação comparável sobre a taxa de degradação florestal ou a área de floresta degradada. No entanto, existem informações sobre alguns elementos da degradação florestal, nomeadamente a área de floresta afetada negativamente pela exploração mineira, pelo pastoreio excessivo e pelos incêndios florestais.

A floresta de Yerramalais (Fig.2) é constituída por 75% de rochas desgastadas e os restantes 25% são florestas verdes, dispersas e não contínuas. A floresta de Yerramalais cobre mais de 1 lakh dos 4 laks hectares de floresta no distrito de Kurnool. A floresta de Yerramalais recebe uma pluviosidade muito baixa e é abrangida pela floresta de espinhos do sul. A vegetação é variada, dependendo do clima e dos factores edáficos. Aparentemente, há sinais de degradação da floresta, que passou de caducifólia húmida para um tipo de matagal dominado por arbustos espinhosos suculentos e xerófitos. Algumas partes da floresta apresentam vales com riachos. Em Owk, Maddilete, Racherla, North Dhone, Gani e Lanjabanda, a floresta apresenta um tipo de vegetação caducifólia ligeiramente degradada. As árvores de folha caduca que se encontram nesta região estão a sofrer uma degradação gradual até ao seu desaparecimento. Os factores e as causas subjacentes aos processos de desflorestação e de degradação florestal são a extração excessiva de minério em PanyamRF, N. Dhone, para as placas de Bethamcherla, slab kankar. As minas de minério de ferro em Ramallkota RF, a fábrica de cimento em Cement nagar RF são algumas das causas da degradação da floresta.

Capítulo 2

2 Topografia da zona

O presente estudo foi efectuado em diferentes partes da floresta de Yerramalais do distrito de Kurnool. Foram efectuadas viagens de exploração em vários locais da floresta e recodificada a distribuição da flora de PanyamRF, BethamchrlaRF e VeldurthyRF; o distrito de Kurnool situa-se em Andhra Pradesh, entre as longitudes orientais de 76 58' - 78 56' e as latitudes setentrionais de 14 54; -16 14'. O Yerramalais não ultrapassa em nenhum ponto os 606 min de altura. O Yerramal é composto por rochas arqueanas. As rochas mais antigas expostas na área de estudo são rochas metamórficas e são compostas por minerais como auartzitos, filitos, xistos e anfibiolitos. Estas rochas foram altamente dobradas e intrudidas em granitos e encontram-se expostas nos taluks de Adoni, Aalur e Pattikonda e nas partes ocidentais dos taluks de Kurnool e Done. A zona de RF de Cemetnagar possui depósitos de calcários adequados para a produção de cimento. Possui extensos depósitos de material de construção, como granitos, dolomites, ardósias, quartzitos, etc. O sistema de Kurnool é predominantemente calcário com calcário e conchas clásticas que estão expostas principalmente nos taluks de Banganaplli, Dhone e Koilakuntal. Estas florestas são habitadas por um grupo tribal nómada chamado tribos Sugali (Krishna Reddy, 2003).

O clima é caracterizado por um verão quente. O ano divide-se em quatro estações. O período de dezembro a fevereiro é uma estação seca e comparativamente fresca. A estação do verão decorre de março a maio e é seguida pelas monções do Sudoeste de junho a setembro, enquanto outubro e novembro formam a estação pós-monção. Em geral, as temperaturas médias diárias são superiores a 73,5° C. As temperaturas máximas médias diárias são mais elevadas em maio (48,4OC) e mais baixas em dezembro (30C). Do mesmo modo, as temperaturas mínimas médias diárias são mais baixas em dezembro e mais altas em maio. Da mesma forma, a humidade varia e é mais baixa nos meses de dezembro e janeiro, mas raramente desce abaixo dos 50%. A área florestal recebe uma precipitação de 591,6 mm durante a monção do sudoeste e a restante precipitação foi recebida maioritariamente durante a monção do nordeste. A monção também é irregular e, para além de ser maioritariamente abaixo do normal durante a monção do sudoeste, a área é considerada propensa à seca. A humidade relativa varia entre 27 e 55%. As principais perturbações destas florestas foram causadas por actividades humanas.

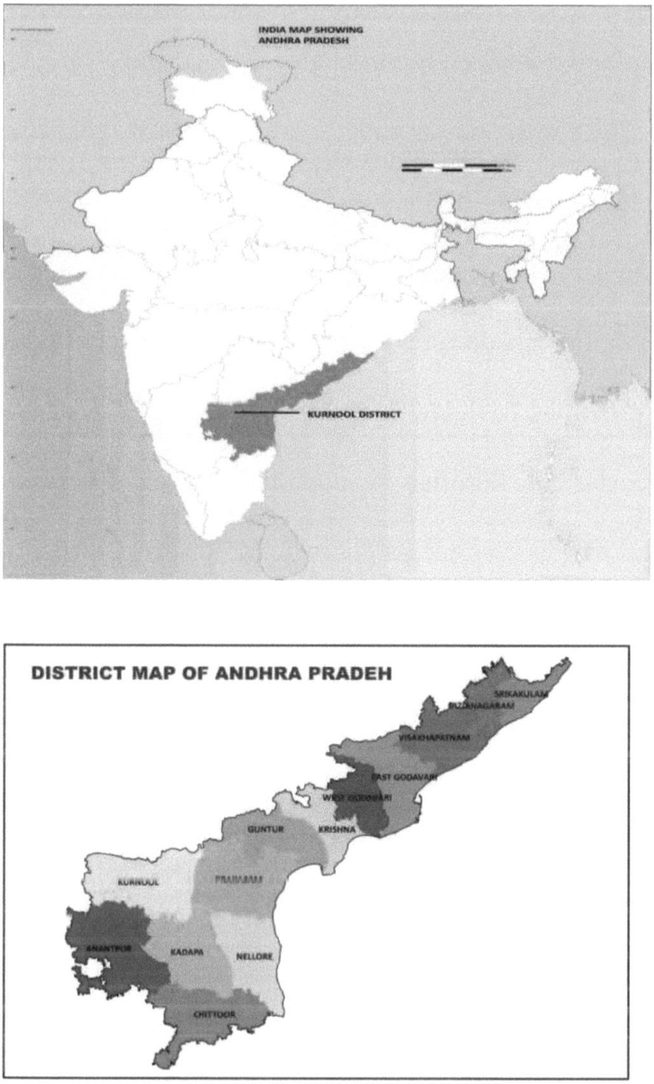

Fig. 1. Mapa da Índia mostrando Andhra Pradesh

2.1 Floresta - vegetação

As plantas estão fortemente ligadas ao clima e a outros factores abióticos. As plantas são a base da cadeia alimentar e, por isso, têm um efeito dramático nos animais. A vegetação é variada, dependendo do clima, da altitude e dos factores edáficos. Aparentemente, há sinais de degradação da vegetação de folha caduca húmida para folha caduca e para matagal, o que é indicado nas periferias da floresta de Gani e nas colinas de pé. Quase todas as planícies próximas das aldeias estão a ser lavradas, restando apenas as encostas e as florestas. As populações locais dependem destas florestas para as suas necessidades de combustível, madeira, forragem, etc. As florestas estão degradadas e mesmo as florestas de reserva estão geralmente desprovidas de árvores de grande altura e altura. De acordo com Champion e Seth (1968), estas florestas podem ser divididas em 5 tipos com base na sua regulamentação: (a) tipo superior seco misto decíduo (b) inferior seco misto decíduo (c) tipo Hardwickia binate (d) arbusto espinhoso e (e) tipo bambu (Venkataraju e Pullaiah, 1995). Plantas como Alangium salvifolium, Albizia amara, Atalantia monophylla Balanities aegyptiaca, Chloroxylon swietenia e Zizyphus mauritina ocupam os matos. Plantas como Acacia leucopholea, Cadaba fruticosa, Corchorus olitorius. Capparis sepiaria e Zizyphus xlopyrus ocupam o andar intermédio. A vegetação rasteira é constituída por Alysicarpus scariosus, Caralluma adecendens, Corchorus olitorius e Hibiscus ovalifolius (Gamble, 1956).

Capítulo 3

3 . Efeitos climáticos

3.1 As alterações climáticas prejudicam a segurança alimentar

Os efeitos das alterações climáticas de início lento deverão ter um impacto "potencialmente catastrófico" na produção alimentar dos países em desenvolvimento no futuro, alertou a Organização das Nações Unidas para a Alimentação e a Agricultura (FAO) em março de 2011, apelando à tomada de medidas para atenuar as consequências adversas.

Embora a agricultura contribua apenas com 21% do PIB da Índia, a sua importância no tecido económico, social e político do país vai muito além deste indicador. As zonas rurais continuam a albergar cerca de 72% dos 1,1 mil milhões de habitantes da Índia, a maioria dos quais são pobres e marginalizados e dependem da agricultura como principal fonte de rendimento.

Os pequenos agricultores dependem de uma precipitação atempada e suficiente durante a monção para obterem elevados rendimentos agrícolas. No entanto, com as alterações climáticas, os padrões de precipitação tornaram-se erráticos e reduzidos, deixando os agricultores expostos a muitos riscos, incluindo secas, inundações, doenças das culturas e dos animais e irregularidades imprevisíveis do mercado. De facto, estima-se que cada aumento de 1^0 C na temperatura pode conduzir a uma redução de 5 a 10% no rendimento de algumas culturas.

As alterações climáticas terão um impacto significativo na segurança alimentar e na subnutrição, uma vez que as mudanças nos padrões dos fenómenos meteorológicos extremos afectarão a estabilidade dos alimentos e, na verdade, o acesso aos mesmos. A agricultura deve contribuir mais para o combate às alterações climáticas e, ao mesmo tempo, preparar-se para superar os seus impactos,

Capítulo 4

Razões para as alterações climáticas

1. A interferência biótica e os incêndios florestais, o pastoreio e a lenha são alguns dos factores responsáveis pela degradação da flora da floresta de Yerramalais, no distrito de Kurnool.

2. A pobreza e o analfabetismo dos agricultores indianos obriga-os a desbravar mais terras hereditárias para poderem comprar os factores de produção que lhes permitiriam produzir mais ou menos.

3. A extração excessiva de minerais e metais da terra é outra causa das alterações climáticas que afectam a floresta. A exploração mineira é um negócio que gera dinheiro. Não só as empresas mineiras prosperam, como os governos também ganham dinheiro com as receitas. Os trabalhadores também recebem rendimentos e benefícios; a exploração mineira na RF de Dhone para minerais, a exploração mineira na RF de Bethamcherla para pedras naturais, tais como lajes de arenito, ladrilhos de calcário, mármore, granito, pedra de ardósia para pavimentos, calhaus, seixos para paisagismo, padrões de

mosaico e pedra artigos decorativos de jardim lajes de pavimentação. Manganês, tântalo, cassiterite, cobre, estanho, níquel, bauxite (minério de alumina), minério de ferro desminado. O resultado é que, ao fim de alguns anos, toda a terra se torna estéril e não permite o crescimento de árvores nem de culturas alimentares. As operações mineiras em grande escala são efectuadas com recurso a enormes bull-dozers e escavadoras para extrair os metais e minerais do solo. Para amalgamar (agrupar) as extracções, são utilizados produtos químicos como o cianeto, o mercúrio ou o metilmercúrio. Estes produtos químicos passam através de tubos de rejeitos e são frequentemente descarregados em cursos de água. Esta poluição contamina todos os organismos vivos dentro da massa de água e, em última análise, as pessoas que dependem do peixe para a sua subsistência.

4. O uso excessivo de lenha: Como fonte primária de energia para fins domésticos, está a conduzir a uma grave defo-restação. O consumo de lenha é um padrão das comunidades tribais da floresta de Yerramalais. A lenha é queimada para várias actividades, como cozinhar, aquecer água, iluminar e criar

gado, etc. Entre as várias actividades, cozinhar requer o máximo de energia. O combustível comercial está fora do alcance das comunidades tribais devido às suas más condições socioeconómicas.

5. Fábricas de cimento: Devido ao estabelecimento de fábricas de cimento como a fábrica de cimento Panayam em PanyamRF, a fábrica de cimento Priya em DhoneRF (Figura 3).

6. Erosão dos solos: A substituição de um coberto florestal por uma superfície de terra vermelha para obter dinheiro é um fator direto e visível, como, por exemplo, a abertura de uma estrada (pública ou para a exploração florestal) numa zona florestal, que, para além de ser um fator direto de importância relativamente pequena (eliminação de uma faixa de floresta ao longo da estrada), atrai agricultores em busca de terras que vão desbravar a floresta para cultivo. Relativamente à área desmatada por estes agricultores, dever-se-á atribuir a desflorestação ao fator direto, ao fator indireto ou a ambos? Em nossa opinião, devemos sempre considerar o fator direto como o único ou como um dos dois factores, mas em caso algum podemos considerar o fator indireto

como o único.

7. Desflorestação: Trata-se de uma diminuição da área coberta por floresta. No entanto, não pode ser assimdefinido sem acrescentar uma referência à sua utilização (ou atribuição). De facto, existem certas formas de utilização da floresta - e objectivos prioritários de gestão florestal - que limpam temporariamente o coberto florestal, garantindo a sua manutenção.

8. População tribal: Os povos tribais semi-nómadas Sugalisand chnechus (Fg.i4)que vivem na área florestal são chamados thandas e afectaram ligeiramente a vegetação devido ao cultivo itinerante. Normalmente, as tribos cortam as árvores adjacentes às suas terras agrícolas actuais para aumentar a extensão das terras cultiváveis. Encorajadas por alguns membros políticos, as tribos continuam a invadir a floresta vizinha na esperança de que, eventualmente, lhes sejam concedidos direitos sobre a terra.

9. Temperatura e precipitação: A floresta de Yerramalais recebe a menor precipitação e a temperatura sobe até 46° C, sendo esta a principal razão para a degradação da floresta.

Figura! Floresta de Yerramalais. **Figura 3. Fábrica de cimento.**

Fiureg.4 Exploração mineira em zonas florestais

Fig.5 Exploração de minério de ferro Fig.6.População tribal da floresta

Capítulo 5

Impactos das alterações climáticas

Sobre a vegetação

O principal impacto incide sobre:

1. Recursos hídricos: Talvez o impacto mais significativo de uma exploração mineira sejam os seus efeitos sobre a qualidade da água e a disponibilidade dos recursos hídricos na área do projeto. Os recursos hídricos superficiais e subterrâneos continuarão a ser impróprios para consumo humano. As operações minciras mobilizam grandes quantidades de material e as pilhas de resíduos que contêm partículas de pequena dimensão são facilmente dispersas pelo vento. As partículas são transportadas pelo vento em resultado de escavações, explosões, transporte de materiais, erosão eólica e terras férteis próximas que se tornam estéreis e estéreis.

A exploração mineira pode contaminar os solos numa grande área. As actividades agrícolas próximas de um projeto mineiro podem ser particularmente afectadas. As fontes móveis de poluentes atmosféricos incluem os veículos pesados utilizados nas operações de escavação, os automóveis que transportam o pessoal para o local da exploração mineira e os camiões que transportam os materiais mineiros. A poluição sonora associada à exploração mineira pode incluir o ruído dos motores dos veículos, a carga e descarga de rocha em dumpers de aço, calhas, produção de energia e outras fontes. Quando as actividades mineiras não são geridas de forma adequada, o resultado é a degradação dos solos, da água, da biodiversidade e dos recursos florestais, que são fundamentais para a subsistência das populações locais. Quando a contaminação não é controlada, o custo da contaminação é transferido para outras actividades económicas, como a agricultura e a pesca.

Impacto na vegetação florestal

O aumento da temperatura resultará na deslocação das florestas tropicais e subtropicais de menor altitude para regiões florestais de maior altitude, resultando na extinção de alguns tipos de vegetação temperada. O aumento dos períodos de seca poderá também colocar as florestas caducifólias secas e húmidas em risco acrescido de incêndios florestais.

Impacto na agricultura e nas mulheres

O aumento desenfreado das emissões de gases com efeito

de estufa está a fazer subir a temperatura da Terra, com as consequências do degelo dos glaciares, do aumento da precipitação, de fenómenos meteorológicos cada vez mais extremos e da mudança das estações. O ritmo acelerado das alterações climáticas, combinado com o crescimento da população mundial e dos rendimentos, ameaça a segurança alimentar em todo o mundo.

A agricultura é extremamente vulnerável às alterações climáticas: o aumento da temperatura acaba por reduzir o rendimento das culturas desejáveis e favorece a proliferação de infestantes e pragas. Embora se registem ganhos em algumas culturas nalgumas regiões do mundo, prevê-se que os impactos globais das alterações climáticas na agricultura sejam negativos Ameaçando a segurança alimentar global

As alterações climáticas provocarão aumentos adicionais dos preços das culturas agrícolas mais importantes - arroz e trigo. O aumento dos preços dos alimentos para animais traduzir-se-á num aumento dos preços da carne. Consequentemente, as alterações climáticas reduzirão ligeiramente o crescimento do consumo de carne e provocarão uma queda mais substancial do consumo de cereais. Rosenzweig e Parry (1994) estimaram o impacto negativo significativo na agricultura de muitos países em desenvolvimento. Num estudo mais pormenorizado sobre a Índia, pode diminuir a produtividade das plantas, resultando em aumentos de preços para muitas culturas agrícolas importantes. As mulheres são particularmente vulneráveis às alterações climáticas porque são mais susceptíveis aos impactos adversos das alterações climáticas. As alterações climáticas têm geralmente impacto em sectores tradicionalmente associados às mulheres, como o cultivo de arroz, as plantações de algodão e chá e a pesca, o que significa um aumento das dificuldades para as mulheres.

Impacto na perda de biodiversidade

A biodiversidade é definida como "a variabilidade entre os organismos vivos de todas as origens, incluindo, entre outros, os ecossistemas terrestres, marinhos e outros ecossistemas aquáticos e os complexos ecológicos de que fazem parte; isto inclui a diversidade dentro das espécies, entre espécies e dos ecossistemas. A biodiversidade está essencialmente em todo o lado, omnipresente na superfície da Terra e em cada gota das suas massas de água."

A biodiversidade é a base dos serviços ecossistémicos aos quais o bem-estar humano está intimamente ligado. Nenhuma caraterística da Terra é mais complexa, dinâmica e variada do que a camada de organismos vivos que ocupam as suas superfícies e os seus mares, e nenhuma caraterística está a sofrer mudanças mais dramáticas às mãos dos humanos do que esta caraterística extraordinária e singularmente única da Terra. As florestas que são desbravadas para fins mineiros albergam um grande número de micro e macroflora e fauna. O abate indiscriminado e não planeado da floresta leva à perda de lar para milhares de animais, o que põe em causa a sobrevivência de um grande número de espécies vegetais. O abate de árvores constitui, por si só, uma grande ameaça para uma série de plantas, árvores, aves e animais que habitam as florestas. Vários estudos constataram a migração de um certo número de espécies de aves, árvores, arbustos e ervas. As árvores de folha caduca que se encontram nesta região estão a degradar-se gradualmente até desaparecerem. A vegetação rasteira é constituída por gramíneas de bom valor forrageiro. Os tipos de florestas com arbustos espinhosos encontram-se geralmente nas aldeias limítrofes. Estas florestas estão de tal forma esgotadas devido ao sobrepastoreio e ao abate ilegal de árvores que são constituídas por um tipo de floresta espinhosa aberta.

As alterações climáticas afectam diretamente as funções dos organismos individuais (por exemplo, crescimento e comportamento), modificam as populações (por exemplo, tamanho e estrutura etária) e afectam a estrutura e a função dos ecossistemas (por exemplo, decomposição, ciclo de nutrientes, fluxos de água, composição e interacções das espécies) e a distribuição dos ecossistemas nas paisagens terrestres; g. Prevê-se que as alterações climáticas sejam a maior ameaça a longo prazo para a biodiversidade em muitas regiões. No século XX, a destruição dos habitats naturais foi o principal fator de perda de biodiversidade. No entanto, as projecções contemporâneas das principais ameaças à biodiversidade global estão cada vez mais relacionadas com as alterações climáticas (Leadley ,2010].

Atualmente, é amplamente reconhecido que as alterações climáticas e a biodiversidade estão interligadas. A biodiversidade é afetada pelas alterações climáticas, com consequências negativas para o bem-estar humano, mas a biodiversidade, através dos serviços ecossistémicos que suporta, também dá um contributo importante para a atenuação e adaptação às alterações climáticas. As alterações climáticas já estão a afetar a biodiversidade e os ecossistemas, incluindo alterações na estação de crescimento, na fenologia, na produção primária e na distribuição e diversidade das espécies.

A biodiversidade é um elemento fundamental dos serviços que os ecossistemas prestam às sociedades humanas. Intrinsecamente importante devido à sua contribuição para o funcionamento dos ecossistemas.

Capítulo 6

DISCUSSÃO

A degradação das terras florestais causada pela desflorestação ou pela sobre-exploração que as políticas nacionais voluntárias destinadas à regeneração das terras florestais foram implementadas de forma geralmente autorizada, após uma fase de declínio mais ou menos rápida. Os países industrializados e emergentes encontram-se atualmente numa fase de recuperação florestal, ao contrário dos países em desenvolvimento, que se encontram geralmente numa fase de desflorestação. Em todos os países, as decisões a tomar no que respeita à ocupação das terras florestais e à utilização e gestão das florestas exigem um bom conhecimento da situação e das mudanças envolvidas em cada momento e aos níveis adequados. Isto pressupõe o desenvolvimento dos recursos humanos e o reforço das unidades responsáveis pelo inventário florestal em cada país, bem como a nível internacional. Esta atividade deve ser entendida como um todo, com todas as suas disciplinas, incluindo as mais modernas e apelativas, como a teledeteção e os sistemas de informação geográfica, bem como as mais clássicas e frequentemente negligenciadas da medição e taxonomia florestal.

A degradação cultural também ocorre nas aldeias mineiras. É necessário sensibilizar os estudantes, a próxima geração de cientistas, que enfrentará, sem dúvida, novos desafios ambientais e terá de compreender plenamente que estes desafios não podem ser enfrentados isoladamente.

O futuro do nosso ambiente reside na cooperação - cooperação entre cientistas, entre disciplinas e entre países; concentrando-se no reforço da gestão dos recursos naturais, como a florestação, veículo de regeneração da floresta esgotada. As crianças em idade escolar devem ter acesso ao ensino primário obrigatório, para que não entrem na floresta para recolher forragem e lenha. O Gramasabha deve desempenhar um papel importante na aplicação e no controlo de programas como o Vana samrakhsana samithi. O departamento florestal e os organismos locais devem envidar esforços sérios para proteger esta floresta em declínio, iniciando uma campanha de sensibilização entre os jovens da floresta para que aceitem a proteção da floresta como um dever moral. Deve ser evitado o pastoreio excessivo de animais e deve ser posto termo aos incêndios descontrolados. Aparentemente, há sinais de degradação da floresta de folha caduca húmida para folha caduca e para matagal.

Devem ser tomadas medidas preventivas, como a criação de um fórum para o intercâmbio de informações sobre técnicas, metodologia e investigação de gestão da vegetação florestal, através de reuniões periódicas e outros meios adequados. Cooperar com organismos locais, estatais, regionais e nacionais, tanto públicos como

privados, na identificação e solução das necessidades de gestão da vegetação florestal. A promoção da sensibilização do público e dos organismos interessados para a necessidade de gestão da vegetação florestal incentiva a investigação de métodos de gestão da vegetação florestal por parte de organismos governamentais e privados. A promoção da uniformidade e da coordenação das actividades entre os organismos responsáveis pelos aspectos regulamentares da gestão da vegetação florestal e a realização de simpósios em que ecologistas, cientistas sociais, físicos, economistas e representantes da comunidade devem partilhar os seus pontos de vista e ideias sobre a conservação das florestas. A implementação bem sucedida de políticas ambientais tem de ser legislada. Temos de analisar os fracassos e sucessos das políticas implementadas no desenvolvimento e conservação das florestas nos países desenvolvidos. O planeamento e a monitorização rigorosos dos nossos esforços de conservação utilizam a tecnologia de satélite para a conservação.

Serão criados centros de biodiversidade para as pessoas a nível rural e o pastoreio de animais poderá ser evitado através da concessão de subsídios do governo para o cultivo de culturas forrageiras como alternativa. As tribos nomeadas pelo governo numa base temporária como força de proteção florestal serão tornadas permanentes para uma melhor proteção. As Vana Samrakshna Samithies (VSS) devem ser constituídas com a participação de tribos e outros aldeões. A fim de pôr termo à exploração de plantas produtoras de madeira, o Governo autoriza as tribos e outras pessoas a adquirir mel, goma de bambu, etc., o que constitui uma medida de conservação indireta. A exploração de plantas medicinais pelas tribos e pelas empresas farmacêuticas que as utilizam deve ser suspensa. Os incêndios florestais que destroem tanto a flora como a fauna devem ser evitados. Podem danificar os bens dos templos e prejudicar os turistas. Para pôr termo à desflorestação, devem ser criadas fábricas de gás gobar, utilizando resíduos agrícolas e animais, e deve ser desenvolvida uma silvicultura social para fins domésticos e agrícolas. Tendo em conta a categoria de plantas ameaçadas, deve ser impedida a entrada nas zonas protegidas de plantas medicinais identificadas para evitar a exploração. Apenas os estudantes e os investigadores podem ser autorizados a estudar. Assim, a floresta de Yerramalis, que é rica em diversidade florística, um tesouro de plantas raras, medicinais e com potencial económico, pode ser mantida para o bem-estar dos agricultores locais, dos aldeões e para o desenvolvimento rural através da sua conservação.

Capítulo 7

Conclusão e adaptações

A degradação das terras florestais causada pela desflorestação ou pela sobre-exploração que as políticas nacionais voluntárias destinadas à regeneração das terras florestais foram implementadas de forma geralmente autorizada, após uma fase de declínio mais ou menos rápida. Os países industrializados e emergentes encontram-se atualmente numa fase de recuperação florestal, ao contrário dos países em desenvolvimento, que se encontram geralmente numa fase de desflorestação. Em todos os países, as decisões a tomar no que respeita à ocupação das terras florestais e à utilização e gestão das florestas exigem um bom conhecimento da situação e das mudanças envolvidas em cada momento e aos níveis adequados. Isto pressupõe o desenvolvimento dos recursos humanos e o reforço das unidades responsáveis pelo inventário florestal em cada país, bem como a nível internacional. Esta atividade deve ser entendida como um todo, com todas as suas disciplinas, incluindo as mais modernas e apelativas, como a teledeteção

e sistemas de informação geográfica, bem como as mais clássicas e frequentemente não recolhidas de medição e taxonomia florestal.

A degradação cultural também ocorre nas aldeias mineiras. É necessário sensibilizar os estudantes, a próxima geração de cientistas, que enfrentará, sem dúvida, novos desafios ambientais e terá de compreender plenamente que estes desafios não podem ser enfrentados isoladamente.

O futuro do nosso ambiente reside na cooperação - cooperação entre cientistas, entre disciplinas e entre países; concentrando-se no reforço da gestão dos recursos naturais, como a florestação, veículo de regeneração da floresta esgotada. As crianças em idade escolar devem ter acesso ao ensino primário obrigatório, para que não entrem na floresta para recolher forragem e lenha. O Gramasabha deve desempenhar um papel importante na aplicação e no controlo de programas como o Vana samrakhsana samithi. O departamento florestal e os organismos locais devem envidar esforços sérios para proteger esta floresta em declínio, iniciando uma campanha de sensibilização entre os jovens da floresta para que aceitem a proteção da floresta como um dever moral. Deve ser evitado o pastoreio excessivo de animais e deve ser posto termo aos incêndios descontrolados. Aparentemente, há sinais de degradação da floresta de folha caduca húmida para folha caduca e para matagal.

Devem ser tomadas medidas preventivas, como a criação de um fórum para o intercâmbio de informações sobre técnicas, metodologia e investigação em matéria de gestão da vegetação florestal, através de reuniões periódicas e outros meios adequados. Cooperar com organismos locais, estatais, regionais e nacionais, tanto públicos como privados, na identificação e solução das necessidades de gestão da vegetação florestal. A promoção da sensibilização do público e dos organismos interessados para a necessidade de gestão da vegetação florestal incentiva a investigação de métodos de gestão da vegetação florestal por parte de organismos públicos e privados. A promoção da uniformidade e da coordenação das actividades entre os organismos envolvidos nos aspectos regulamentares da gestão da vegetação florestal e a realização de simpósios em que ecologistas, cientistas sociais, físicos, economistas e representantes da comunidade devem partilhar os seus pontos de vista e pensamentos sobre a conservação das florestas. A implementação bem sucedida de políticas ambientais tem de ser legislada. Temos de analisar os fracassos e sucessos das políticas implementadas no desenvolvimento e conservação das florestas nos países desenvolvidos. O planeamento e a monitorização rigorosos dos nossos esforços de conservação utilizam a tecnologia de satélite para a conservação.

Serão criados centros de biodiversidade para as pessoas a nível rural e o pastoreio de animais poderá ser evitado através da concessão de subsídios do governo para o cultivo de culturas forrageiras como alternativa. As tribos nomeadas pelo governo numa base temporária como força de proteção florestal serão tornadas permanentes para uma melhor proteção. As Vana Samrakshna Samithies (VSS) devem ser constituídas com a participação de tribos e outros aldeões. A fim de pôr termo à exploração de plantas produtoras de madeira, o Governo autoriza as tribos e outras pessoas a adquirir mel, goma de bambu, etc., o que constitui uma medida de conservação indireta. A exploração de plantas medicinais pelas tribos e pelas empresas farmacêuticas que as utilizam deve ser suspensa. Os incêndios florestais que destroem tanto a flora como a fauna devem ser evitados. Podem danificar os bens dos templos e prejudicar os turistas. Para pôr termo à desflorestação, devem ser criadas fábricas de gás gobar, utilizando resíduos agrícolas e animais, e deve ser desenvolvida uma silvicultura social para fins domésticos e agrícolas. Tendo em conta a categoria de plantas ameaçadas, deve ser impedida a entrada nas zonas protegidas de plantas medicinais identificadas para evitar a exploração. Apenas os estudantes e os investigadores podem ser autorizados a estudar. Assim, a floresta de Yerramalis, que é rica em diversidade florística, um tesouro de plantas raras, medicinais e com potencial económico, pode ser mantida para o bem-estar dos agricultores locais, dos aldeões e para o desenvolvimento rural através da sua conservação.

A conservação da biodiversidade requer a maior importância por parte do governo, tanto a nível central como estatal. Por conseguinte, é necessária vontade política em termos de formulação de políticas adequadas, com especial incidência em zonas fisiográficas críticas, subvenções orçamentais adequadas e formação de uma autoridade reguladora, de execução e competente. É necessário prover a criação de uma comissão de controlo da criminalidade, de guardas florestais e de leis severas contra os caçadores furtivos e a pirataria. As recentes iniciativas do governo no sentido de adotar um plano de ação nacional para as alterações climáticas são um passo bem-vindo. A avaliação do impacto ambiental, a utilização de fóruns públicos, a criação de novos parques e santuários e a criação de uma base de dados completa são outros aspectos importantes do papel de conservação que deve ser desempenhado pela nossa intelectualidade científica, que está a ser objeto de atenção por parte do governo central. As implicações ambientais e climáticas das actividades de desenvolvimento do homem estão a exercer uma pressão insustentável sobre a biodiversidade da região. Um passo oportuno requer a estimativa e a compilação adequadas da base de dados sobre a diversidade e, além disso, a coordenação em várias frentes

Bibiliografia

Chaudhari P, Kamal PA (2009). Global warming in Nepal: challenges and policy imperatives [Aquecimento global no Nepal: desafios e imperativos políticos]. Para. Livelihood 8:3-13.

Crimmins SM, Dobrowski SZ, Greenberg JA, Abatzoglou JT, Mynsberge AR (2011). As alterações no balanço hídrico climático conduzem a mudanças descendentes nas elevações óptimas das espécies vegetais. Natureza 331:324-327.

Faisal AM (2008). Climate Change and Phenology, New Age, 3 de março de 2008.

Gamble JS (1956). Flora of Presidency of Madras Vol.3. Calcutá.1956. Gitay H, Suarez A, Watson RT, Dokken DJ (2002). Climate Change and Biodiversity, Painel Intergovernamental sobre as Alterações Climáticas, Genebra, Suíça.

Kanowski J, Catterall CP, Wardell-Johnson GW (2005). Consequences of broad scale timber plantations for biodiversity in cleared rainforest landscapes of tropical and subtropical Australia. Para. Ecol. Manage. 208:359-372.

Kirschbaum MUF, Cannell MGR, Cruz RVO, Galinski W, Cramer WP (1995) Climate change impacts on forests. In: Mudanças Climáticas, Impactos, Adaptação e Mitigação das Mudanças Climáticas: Scientific-

Technical Analyses, Cambridge University Press, Cambridge.

Klanderud K, Birks HJB (2003). Recent increases in species richnessand shifts in altitudinal distributions of Norwegian mountain plants. Holoceno 13:1-6.

Krishna Reddy B (2003). Livelihood strategies of the Sugali tribal community in Andhra Pradesh, Conferência Interdisciplinar no Centro de Estudos Indianos, Mysore, Índia, 17-19 de outubro.

Leadley, P. Biodiversity Scenarios: Projections of 21st Century Change in Biodiversity, and Associated Ecosystem Services: A Technical Report for the Global Biodiversity Outlook 3, Illustrated; PNUA/Earthprint: Hertfordshire, Reino Unido, 2010; ISBN 9292252186]

Levin PS, Levin DA (2002). A verdadeira crise da biodiversidade. Am. Sci. 90:6-8. Lindenmayer DB, Franklin JF (2002). Conserving forest biodiversity, a comprehensive multi-scaled approach. Island Press, Washington DC, EUA.

Pounds JA, Fogden MPL, Campbell JH (1999). Resposta biológica às alterações climáticas numa montanha tropical. Nature 398:611-615.

Rosenzweig, C., e M.L. Parry, 1994: Potential impact of climate change on world food supply. *Nature*, 367, 133-138, doi:10.1038/367133a0.

Sagar R, Raghubanshi AS, Singh JS (2003) Composição, dispersão e diversidade de espécies arbóreas ao longo de um nível de perturbação numa região de floresta tropical seca da Índia. Para. Ecol. Manage. 186:61-71.

Singh JS (2002). A crise da biodiversidade: um problema multifacetado

revisão. Curr. Sei. 82:638-647

Sodhi NS, Koh LP, Brook BW, Ng PKL (2004). Biodiversidade do Sudeste Asiático: o desastre iminente. Trends Eeol. Evol. 19:654-660.

Subedi MR (2009). Climate ehange and its potential effeets on tree line position: an introduetion and analysis. Greenery - J. Environ. Biodivers. 7:17-21.

Venkataraju RR, Pullaiah T (1995). Flora of Kurnool, Bishensing Mahendrapal Singh Dehradun.

Wang, Q., Zhang, Q. P., e Zhou, W.: Mudanças na cobertura das pastagens e análise das forças motrizes no condado de Maqu, Physes.Proe., 33, 1292-1297, 2012.

Woodward FI (2002) . Potenciais impactos das concentrações globais elevadas de CO2 nas plantas. Curr. Opin. Plant Biol. 5:207-211

MIX
Papier aus verantwortungsvollen Quellen
Paper from responsible sources
FSC® C105338

Printed by Books on Demand GmbH, Norderstedt / Germany